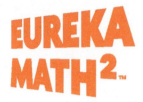

Una historia de unidades®

Unidades de diez ▸ 1

APLICAR

Módulo		
	1	**Conteo, comparación y suma**
	2	Relaciones entre la suma y la resta
	3	Propiedades de las operaciones para hacer que los problemas sean más sencillos
	4	Comparación y composición de las medidas de longitud
	5	Conceptos de valor posicional para comparar, sumar y restar
	6	Atributos de las figuras geométricas · Progreso en el valor posicional, la suma y la resta

Great Minds® is the creator of *Eureka Math*®, *Wit & Wisdom*®, *Alexandria Plan*™, and *PhD Science*®.

Published by Great Minds PBC.
greatminds.org

© 2023 Great Minds PBC. All rights reserved. No part of this work may be reproduced or used in any form or by any means—graphic, electronic, or mechanical, including photocopying or information storage and retrieval systems—without written permission from the copyright holder.

Printed in the USA

2 3 4 5 6 7 8 9 10 CCD 25 24 23 22

ISBN 978-1-63898-624-9

Contenido

Conteo, comparación y suma

Tema A 3
Contar y comparar con datos

Lección 1 5
Organizar para hallar cuántos hay y comparar

Lección 2 9
Organizar y representar datos para comparar dos categorías

Lección 3 13
Clasificar para representar y comparar datos con tres categorías

Lección 4 19
Hallar el número total de datos y comparar las categorías en un pictograma

Lección 5 23
Organizar y representar datos categóricos

Lección 6 27
Usar marcas de conteo para representar y comparar datos

Tema B 31
Contar hacia delante desde una parte visible

Lección 7 33
Contar todo o contar hacia delante desde un número para resolver situaciones de *juntar con total desconocido*

Lección 8 37
Contar hacia delante desde una parte conocida e identificar las dos partes de un total

Lección 9 41
Contar hacia delante desde ambas partes y registrar las relaciones de parte-total

Lección 10 47
Contar hacia delante desde el 5 dentro de un conjunto

Lección 11 51
Ver una parte de un conjunto y seguir contando hacia delante desde esa parte

Lección 12 55
Contar hacia delante desde el 10 para hallar un total desconocido

Tema C 59
Contar hacia delante desde un número para sumar

Lección 13 61
Contar hacia delante desde un sumando en situaciones de *sumar con resultado desconocido*

Lección 14 65
Contar hacia delante desde un número para hallar el total de una expresión de suma

Lección 15 69
Usar la propiedad conmutativa para contar hacia delante desde el sumando más grande

Lección 16 73
Usar la propiedad conmutativa para hallar totales más grandes

Lección 17 77
Sumar 0 y 1 a cualquier número

Tema D 81
Hallar el mismo total de varias maneras

Lección 18 83
Determinar si las oraciones numéricas son verdaderas o falsas

Lección 19 87
Razonar acerca del significado del signo igual

Lección 20 91
Hallar todas las expresiones de dos partes iguales a 6

Lección 21 95
Hallar todas las expresiones de dos partes iguales a 7 y 8

Lección 22 99
Hallar todas las expresiones de dos partes iguales a 9 y 10

Lección 23 103
Hallar el total de operaciones con números repetidos +1

Lección 24 107
Usar operaciones conocidas para hacer que los problemas sean más sencillos

Lección 25 (opcional) 111
Organizar, contar y registrar una colección de objetos

Agradecimientos 115

MATEMÁTICAS EN FAMILIA
Contar y comparar con datos

Módulo 1
Tema A

Estimada familia:

Su estudiante está usando gráficas para organizar, representar e interpretar datos. Cuenta diversos objetos para recopilar datos. Luego, representa o muestra los datos en diferentes gráficas y tablas. Su estudiante también interpreta gráficas y tablas al comparar categorías. Usa los signos mayor que (>) y menor que (<) para escribir oraciones numéricas de comparación.

Vocabulario y símbolos clave

gráfica

representar

signo mayor que >

signo menor que <

Gráfica

Animales que vemos

🐿️	▨▨□□□□□	2
🐦	▨▨▨▨▨▨▨	7
🐸	▨▨□□□□□	2

Hay más aves que ardillas.
7 es mayor que 2.
7 > 2

Pictograma

Animales que vemos

🐿️	⊠⊠□□□□□	2
🐦	⊠⊠⊠⊠⊠⊠⊠	7
🐸	⊠⊠□□□□□	2

Hay menos ranas que aves.
2 es menor que 7.
2 < 7

Tabla de conteo

Animales que vemos

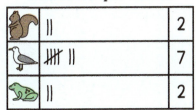

El número de ardillas es igual al número de ranas.
2 es igual a 2.
2 = 2

Actividades para completar en el hogar

Organizar y comparar

Prepare una pila desordenada de dos o tres tipos de objetos, como tenedores y cucharas. Pida a su estudiante que prediga si hay más de un objeto o de otro. Luego, pida que coloque los objetos en filas separadas y cuente el número de objetos que hay en cada fila para comprobar su predicción. Anime a su estudiante a usar enunciados de comparación como los siguientes para describir la relación entre los grupos.

- "Hay 4 cucharas y 7 tenedores. 4 es menor que 7. Hay menos cucharas que tenedores".
- "Hay 4 cucharas y 4 tenedores. 4 es igual a 4. Hay un número igual de tenedores y cucharas".

Hacer una gráfica

Recopile datos sobre objetos de su entorno, como el número de botones, bolsillos y cierres de su ropa o la de su estudiante. Invite a su estudiante a representar los datos gráficamente con un pictograma o una tabla de conteo. La gráfica puede ayudar a su estudiante a organizar y comparar los datos. Haga las siguientes preguntas para que su estudiante pueda analizarlos:

- "¿Cuántos botones tiene tu ropa? ¿Cuántos bolsillos tiene tu ropa?".
- "¿Tienes más botones o más bolsillos? ¿Cómo lo sabes?".

EUREKA MATH²   1 ▸ M1 ▸ TA ▸ Lección 1

Nombre

1. Colorea para mostrar cuántas gorras hay.

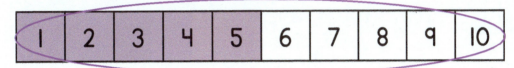

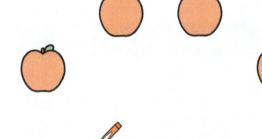

Puedo marcar las gorras como ayuda para contar.

Hay 5 gorras, así que coloreo hasta el número 5.

2. Colorea para mostrar cuántas manzanas hay.

Puedo contar las 4 manzanas.

1   2   3   4

Coloreo hasta el número 4.

3. Encierra en un círculo el camino numérico que muestra más.

Hay más gorras que manzanas.

5 es **mayor que** 4.

Encierro en un círculo el camino numérico que muestra 5.

RECUERDA

4. Hay 5 lápices en un vaso.

   Tam toma 1.

   ¿Cuántos lápices hay en el vaso ahora?

Leo el problema.
Veo 5 lápices en el vaso.
Tam toma 1 lápiz, así que tacho 1 lápiz.
Ahora cuento 4 lápices en el vaso.

Hay 4 lápices en el vaso ahora.

EUREKA MATH²   1 ▸ M1 ▸ TA ▸ Lección 1

Nombre

1. Colorea para mostrar cuántas abejas hay.

| 1 | 2 | 3 | 4 | 5 | 6 | 7 | 8 | 9 | 10 |

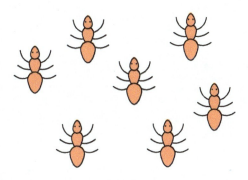

Colorea para mostrar cuántas hormigas hay.

| 1 | 2 | 3 | 4 | 5 | 6 | 7 | 8 | 9 | 10 |

Encierra en un círculo el camino numérico que muestra más.

RECUERDA

2. Hay 9 abejas.

   4 se fueron volando.

   ¿Cuántas abejas quedan?

   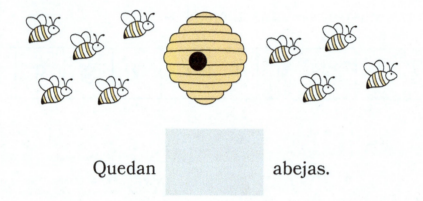

   Quedan _____ abejas.

EUREKA MATH²   1 ▸ M1 ▸ TA ▸ Lección 2

Nombre

Escribe los totales.

Mascotas que nos gustan   Totales

 | 1 | 2 | 3 | 4 | 5 | 6 | 7 | 8 | 9 | 10 | 11 | 12 | 13 | 14 | 15 | 14

 | 1 | 2 | 3 | 4 | 5 | 6 | 7 | 8 | 9 | 10 | 11 | 12 | 13 | 14 | 15 | 10

Encierra en un círculo la mascota favorita.

> Una **gráfica** es una forma de organizar y representar, o mostrar, información para poder hacer y contestar preguntas.

Escribe dos totales.

14 > 10

es mayor que

> Esta **gráfica** muestra a cuántas personas les gusta cada mascota.
>
> 14 es el total para los gatos.
>
> 10 es el total para las perras.

> La **gráfica** muestra que a más personas les gustan los gatos.
>
> Encierro el gato en un círculo.
>
> Sé que 14 es mayor que 10.
>
> 14 > 10

© Great Minds PBC

Nombre

Escribe los totales.

Deportes que nos gustan   Totales

Encierra en un círculo el deporte favorito.

Escribe dos totales.

 >

es mayor que

EUREKA MATH²   1 ▸ M1 ▸ TA ▸ Lección 3

Nombre

1. Colorea para mostrar cuántos hay.

   Escribe los totales.

Puedo contar cada animal.
Hay 5 patos.
Hay 11 gatas.
Hay 4 perros.
Coloreo la gráfica y escribo los totales.

Encierra en un círculo las oraciones verdaderas.

Hay más que .

Hay más que .

Hay más que .

Hay más gatas que patos.
La gráfica de las gatas tiene más cuadrados sombreados que la gráfica de los patos.

11 es mayor que 5.

11 > 5

Hay más patos que perros.

5 es mayor que 4.

5 > 4

No hay más patos que gatas.
No encerré la oración en un círculo porque no es verdadera.

RECUERDA

2. Cuenta hacia arriba de unidad en unidad.

   Escribe los números.

   | 46 | 47 | 48 |

   Empiezo a contar en el 46.
   Cuento de unidad en unidad.

   Cuento 46, 47, 48 y escribo los números que faltan.

EUREKA MATH²   1 ▸ M1 ▸ TA ▸ Lección 3

3

Nombre

1. Colorea para mostrar cuántos hay.

   Escribe los totales.

Conteo de animales   Totales

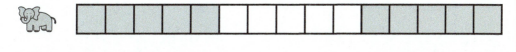

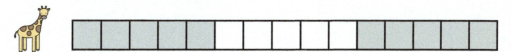

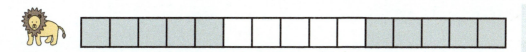

Encierra en un círculo las oraciones verdaderas.

Hay más  que .

Hay más que .

Hay más que .

RECUERDA

2. Cuenta hacia arriba de unidad en unidad.

   Escribe los números.

Nombre

 Escribe los totales.

Flores que vemos   Totales

Hay   17   flores en total.

Cada marca de verificación representa 1 flor.

Cuento las marcas y escribo los totales.

Puedo contar todas las marcas para hallar el número total de flores.

Hay 17 flores.

 Escribe dos totales. Ejemplo:

es mayor que

Hay más girasoles que rosas.

8 es mayor que 3.

Nombre

Escribe los totales.

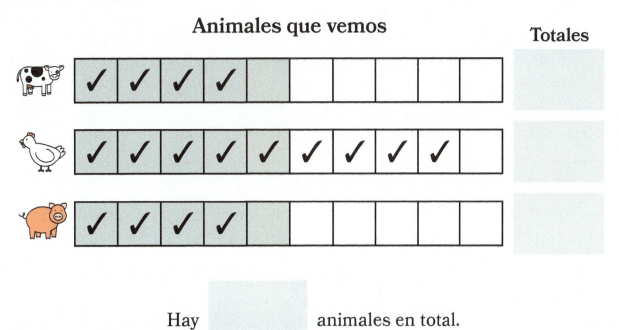

Hay _____ animales en total.

Escribe dos totales.

es igual a

EUREKA MATH²   1 ▸ M1 ▸ TA ▸ Lección 5

Nombre

RECUERDA

1. Encierra en un círculo 10 aves.

Escribe el total.

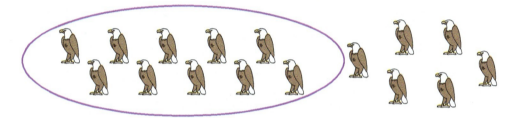

16

Cuento y encierro en un círculo 10 aves.

Hay 10 aves en un grupo. 10 aves son una parte.

Hay 6 aves en un grupo. 6 aves son la otra parte.

10 y 6 forman diez 6, o 16.

2. Cuenta hacia arriba de unidad en unidad.

   Escribe los números.

   | 17 | 18 | 19 | 20 | 21 | 22 |

   Empiezo en el 17 y cuento de unidad en unidad.
   Escribo los números que siguen.
   Los números que escribo son 1 más que el número anterior.

EUREKA MATH² 1 ▸ M1 ▸ TA ▸ Lección 5

Nombre

RECUERDA

1. Encierra en un círculo 10 pelotas.

   Escribe el total.

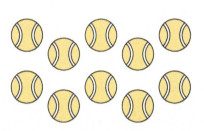 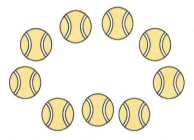

2. Cuenta hacia arriba de unidad en unidad.

   Escribe los números.

13					

EUREKA MATH²   1 ▸ M1 ▸ TA ▸ Lección 6

6

Nombre

Escribe los totales.

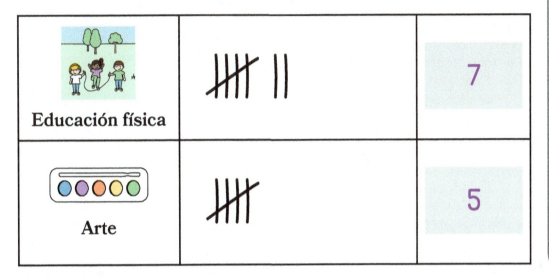

Clases que nos gustan

Educación física	IIII II	7
Arte	IIII	5

Cuento todas las marcas de conteo empezando con el grupo de 5.

Escribo el total.

A menos estudiantes les gusta _____Arte_____ que _____Educación física_____.

Escribe dos totales.

$$5 < 7$$

es menor que

Miro la tabla.

Veo que a 7 estudiantes les gusta Educación física y a 5 estudiantes les gusta Arte.

5 es menor que 7.

Nombre

Escribe los totales.

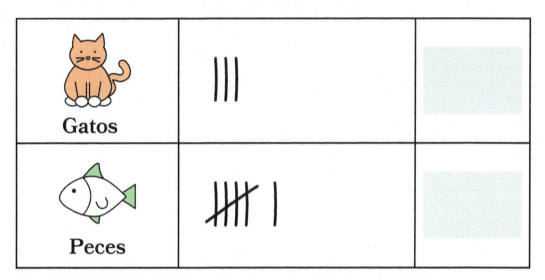

Hay menos _____ que _____.

Escribe dos totales.

es menor que

MATEMÁTICAS EN FAMILIA
Contar hacia delante desde una parte visible

Módulo 1
Tema B

Estimada familia:

Su estudiante está practicando la estrategia de suma en la que cuenta hacia delante desde una parte conocida para hallar el total. Por ejemplo, los dados de las imágenes muestran dos partes: 5 y 2. En lugar de contar todos los puntos, comienza con la parte que conoce y sigue contando hacia delante para hallar el total. A medida que cuenta, puede señalar los puntos o usar los dedos para llevar la cuenta del conteo. Lo más eficiente es comenzar con la parte más grande, como el 5, pero su estudiante descubre que contando hacia delante desde cualquiera de las partes obtiene como resultado el mismo total. Su estudiante aprende que el número que intenta calcular se llama número desconocido y que, cuando ambas partes son el mismo número, se llaman números repetidos.

Vocabulario clave
número desconocido
números repetidos

Hay 5 puntos en un dado.
Cuento hacia delante 2 puntos más.

$5 + 2 = 7$

Hay 2 puntos en un dado.
Cuento hacia delante 5 puntos más.

$2 + 5 = 7$

Actividades para completar en el hogar

Vamos a contar

Reúna un conjunto de 10 objetos, como monedas, canicas o vasos. Organice los objetos en dos grupos con patrones que sean fáciles de contar, como los puntos de los dados o de las fichas de dominó. Use las preguntas a continuación para que su estudiante cuente hacia delante desde uno de los grupos para hallar el total. Cuando su estudiante haya terminado de contar, hágale notar que el total es el mismo sin importar con qué grupo haya comenzado.

- "¿Cuántos objetos hay en este grupo?".
- "¿Puedes seguir contando hacia delante desde ese número para hallar el total que hay en los dos grupos?".
- "¿Qué cambiaría si empezaras a contar desde el otro grupo?".

Hallar totales en el mundo real

Busque oportunidades para que su estudiante practique la estrategia de contar hacia delante desde un número, como las que se presentan en los siguientes ejemplos. Anime a su estudiante a contar con los dedos para llevar la cuenta de las cantidades que suma.

- "Esta caja de barras de granola sin abrir contiene 10 barras. En la caja abierta que tenemos en el armario de la cocina todavía hay algunas barras. ¿Puedes contar hacia delante desde el 10 para hallar cuántas barras tenemos en total?".
- "Hay 5 autos y 3 lugares disponibles en el estacionamiento. ¿Puedes contar hacia delante desde el 5 para hallar el número total de lugares disponibles que hay en el estacionamiento?".

EUREKA MATH²   1 ▸ M1 ▸ TB ▸ Lección 7

Nombre

1. ¿Cuántos lápices hay en total?

   Muestra cómo lo sabes.

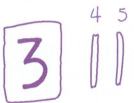

Puedo contar hacia delante desde la parte que conozco.

Hago un dibujo para mostrar un grupo de 3. Luego, dibujo 2 más.

Escribo números para mostrar cómo conté hacia delante desde el 3.

RECUERDA

2. Traza líneas para formar partes dentro de la figura.

Escribe cuántas partes hay.

Ejemplo: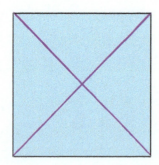

Hay **4** partes.

Sé que puedo trazar líneas en el cuadrado para formar partes.

Puedo trazar 1 o más líneas.

Trazo 2 líneas y cuento 4 partes.

Nombre

1. ¿Cuántos tenedores hay en total?

    Muestra cómo lo sabes.

2. ¿Cuántas manzanas hay en total?

    Muestra cómo lo sabes.

RECUERDA

3. Traza líneas para formar partes dentro de la figura.

Escribe cuántas partes hay.

Hay _____ partes.

Nombre

Cuenta hacia delante desde una parte.

Completa el vínculo numérico.

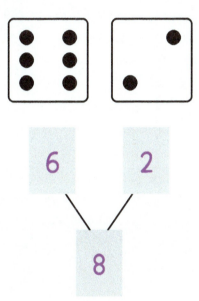

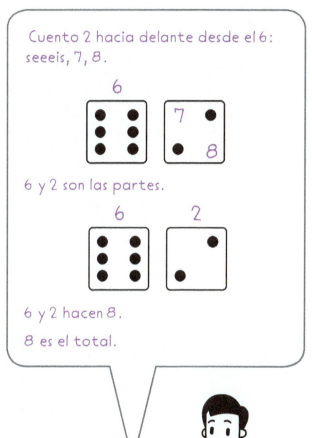

Cuento 2 hacia delante desde el 6: seeeis, 7, 8.

6 y 2 son las partes.

6 y 2 hacen 8.

8 es el total.

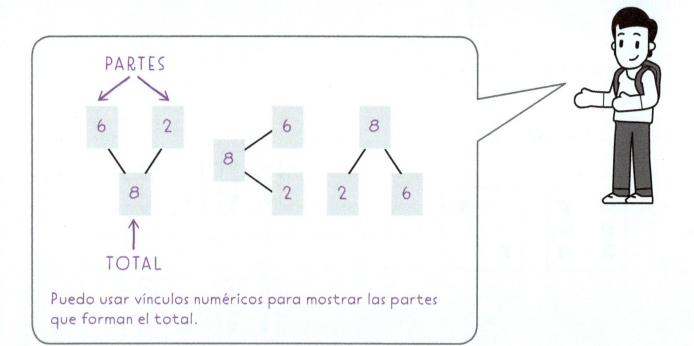

Puedo usar vínculos numéricos para mostrar las partes que forman el total.

EUREKA MATH² 1 ▸ M1 ▸ TB ▸ Lección 8

Nombre

Cuenta hacia delante desde una parte.

Completa el vínculo numérico.

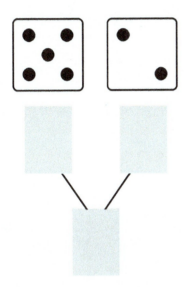
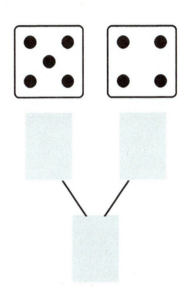
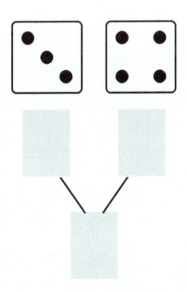
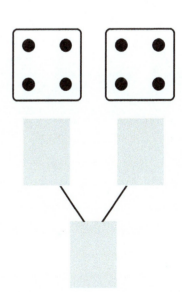

EUREKA MATH²   1 ▸ M1 ▸ TB ▸ Lección 9

_____
Nombre

1. Cuenta hacia delante desde las dos partes.

   Completa los vínculos numéricos.

   Escribe las oraciones numéricas.

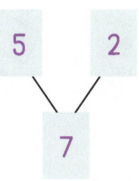

$5 + 2 = 7$

> Puedo contar hacia delante desde un número para hallar el total.
>
>   5   6
>
>
>
>   7
>
> Los dados muestran 5 y 2. Esas son las partes.
>
>   5   2
>
>
>
> 7 es el total.
>
> Escribo una oración numérica para mostrar que 5 y 2 hacen 7.

2 y 5 también son las partes, pero en distinto orden.

El total también es 7.

Escribo una oración numérica para mostrar que 2 y 5 hacen 7.

Cuento hacia delante desde la otra parte.

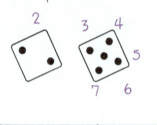

Cuando las dos partes son el mismo número, se llaman **números repetidos**.

Si sale cualquiera de estos **números repetidos**, solo podemos contar hacia delante de una sola manera.

RECUERDA

2. Clasifica de dos maneras diferentes.

    Completa los vínculos numéricos.

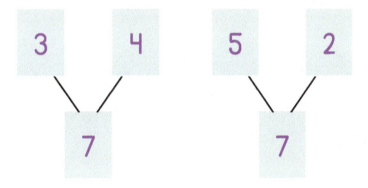

Veo 7 aves.
Veo 3 aves grises.
Veo 4 aves azules.
3 y 4 son las partes.
7 es el total.

Puedo clasificar de otra manera.
Veo 2 aves en el suelo.
Veo 5 aves en el cielo.
Las partes son 2 y 5.
El total también es 7.

EUREKA MATH²   1 ▸ M1 ▸ TB ▸ Lección 9

Nombre

1. Cuenta hacia delante desde las dos partes.

   Completa los vínculos numéricos.

   Escribe las oraciones numéricas.

RECUERDA

2. Clasifica de dos maneras.

   Completa los vínculos numéricos.

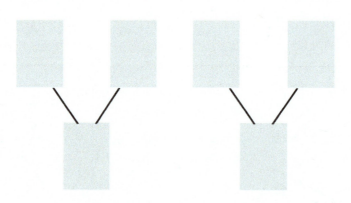

EUREKA MATH²   1 ▸ M1 ▸ TB ▸ Lección 10

10

Nombre

Encierra 5 en un círculo. Sigue contando hacia delante.

Completa el vínculo numérico.

Escribe la oración numérica.

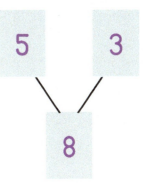

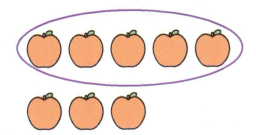

$5 + 3 = 8$

5 y 3 son las partes.
8 es el total.

🍎🍎🍎🍎🍎 5
🍎🍎🍎   3

$5 + 3 = 8$ muestra que 5 y 3 hacen 8.

Encierro en un círculo 5 manzanas y cuento 3 más hacia delante.

5
🍎🍎🍎🍎🍎
🍎🍎🍎
6 7 8

Nombre

Encierra 5 en un círculo. Sigue contando hacia delante.

Completa el vínculo numérico.

Escribe la oración numérica.

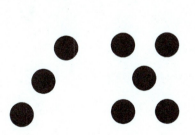

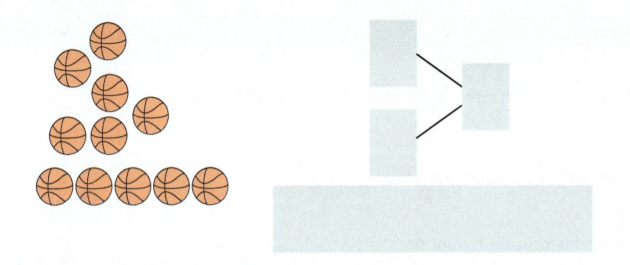

EUREKA MATH² 　　　　　　　　　　　　　1 ▸ M1 ▸ TB ▸ Lección 11

Nombre

1. Encierra en un círculo una parte.

   Completa el vínculo numérico.

   Escribe una oración numérica. 　Ejemplo:

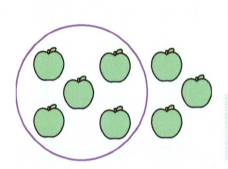

$5 + 3 = 8$

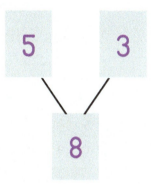

RECUERDA

2. Hay 6 cabras.

Algunas cabras están paradas sobre una roca.

Algunas cabras no están paradas sobre una roca.

Dibuja cómo podrían verse las cabras.

Completa el vínculo numérico.

Leo el problema.

El total es 6 cabras.

Puede haber 4 cabras paradas sobre una roca. Dibujo 4 puntos. Esta es una parte.

Necesito un total de 6 puntos. Sé que 4 y 2 son una pareja de números que suman 6.

Dibujo 2 puntos más para mostrar las cabras que no están paradas sobre la roca. Esta es la otra parte.

Ejemplo:

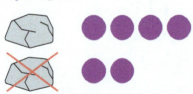

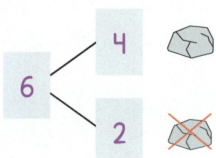

EUREKA MATH²   1 ▸ M1 ▸ TB ▸ Lección 11

Nombre

1. Encierra en un círculo una parte.

    Completa el vínculo numérico.

    Escribe la oración numérica.

 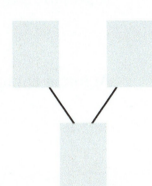

53

RECUERDA

2. Hay 7 ardillas.

   Algunas están en el árbol.

   Algunas están en el césped.

    Dibuja cómo podrían verse las ardillas.

    Completa el vínculo numérico.

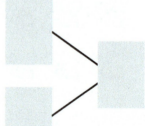

Nombre

Cuenta hacia delante desde el 10.

Completa el vínculo numérico.

Escribe la oración numérica.

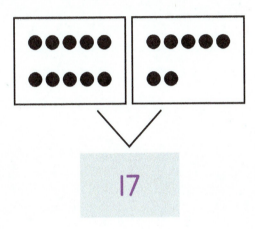

10 + 7 = 17

Sé que las partes son 10 y 7.

No sé cuál es el total. Es **desconocido**. El **número desconocido** es el número que necesitamos calcular.

Puedo contar hacia delante desde el 10 para hallar el total.

Hay 17 puntos en total.

Escribo una oración numérica para mostrar que 10 y 7 hacen 17.

EUREKA MATH² 　　　　　1 ▸ M1 ▸ TB ▸ Lección 12

Nombre

Cuenta hacia delante desde el 10.

Completa el vínculo numérico.

Escribe la oración numérica.

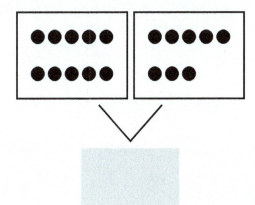

MATEMÁTICAS EN FAMILIA
Contar hacia delante desde un número para sumar

Módulo 1
Tema C

Estimada familia:

Su estudiante está aprendiendo a hallar el total de una expresión de suma, como 8 + 3. Cuenta hacia delante desde un número para hallar el total (como lo hizo para hallar el total de un conjunto de objetos), confirma que puede sumar en cualquier orden y reconoce que contar hacia delante desde la parte más grande es más eficiente. Para contar hacia delante desde un número, su estudiante usa los dedos o un camino numérico. También se le enseña a decir la hora en un reloj analógico. Su estudiante repasará cómo decir la hora a lo largo del año.

Vocabulario clave

en punto

expresión

manecilla de las horas

minutero

$3 + 8$

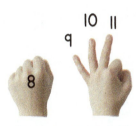

Una expresión es como una oración numérica, pero sin el signo igual.

"Ooocho, 9, 10, 11"

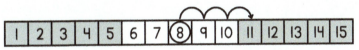

"Puedo empezar en el 8 y saltar 3 para hallar el total".

Cuando la manecilla más larga, el minutero, señala el 12 y la manecilla más corta, la manecilla de las horas, señala el 3, decimos que son las 3 en punto.

Actividades para completar en el hogar

Más y algunos más

Busque oportunidades para practicar el conteo hacia delante desde un número en situaciones cotidianas, como cuando dobla la ropa, durante una visita al supermercado o en un paseo por el vecindario. Considere los siguientes ejemplos:

- "En esta pila, tengo 5 calcetines. Cuenta hacia delante desde el 5 a medida que pones más calcetines en la pila".

- "En el carrito de compras tengo 3 manzanas. Cuenta hacia delante desde el 3 a medida que pones más manzanas en el carrito hasta que tengamos 7 manzanas".

- "Veo 4 buzones. Cuenta hasta que veas 10 buzones".

¿Qué ves?

Túrnense con su estudiante para practicar la suma de números hasta el 10. Use varios animales para sumar diferentes cantidades que formen totales de 10 o menos. Considere los siguientes ejemplos:

- "Veo 3 camellos y 2 tigres. ¿Qué 5 animales ves tú?". (Veo 4 leonas y 1 tigre).

- "Veo 2 focas y 5 monas. ¿Qué 7 animales ves tú?". (Veo 4 osas y 3 pingüinos).

- "Veo 6 elefantas y 4 nutrias. ¿Qué 10 animales ves tú?". (Veo 7 canguros y 3 rinocerontes).

Considere la posibilidad de turnarse para empezar, de modo que su estudiante pueda determinar la primera combinación de animales.

Nombre

1. Cuenta hacia delante desde un número.

   Hay 5 abejas en la colmena.

   3 abejas más llegan volando.

   ¿Cuántas abejas hay en la colmena ahora?

   8 abejas

Empiezo en el 5 y sigo contando hacia delante para hallar el total.

Ciiinco, 6, 7, 8.

Hay 8 abejas en total.

RECUERDA

2. Cuenta las partes y el total.

Completa las partes y el total.

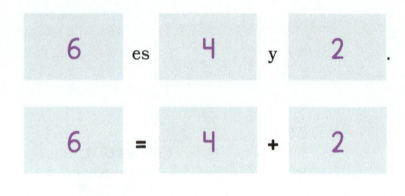

Hay 4 flores azules y 2 flores blancas.

El total es 6. Las partes son 4 y 2.

Completo la oración y la oración numérica para mostrar cómo se suman las partes para hacer el total.

Nombre

1. Cuenta hacia delante desde un número.

   Hay 4 ardillas en el árbol.

   3 ardillas más suben al árbol.

   ¿Cuántas ardillas hay en el árbol ahora?

   ☐ ardillas

   Hay 6 abejas en la colmena.

   4 abejas más llegan volando.

   ¿Cuántas abejas hay en la colmena ahora?

   ☐ abejas

RECUERDA

2. Cuenta las partes y el total.

Completa las partes y el total.

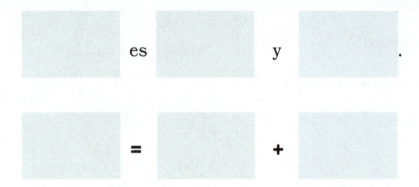

Nombre

1. Suma.

   Cuenta hacia delante desde un número con los dedos.

   4 + 2 =   6

2. Suma.

   Cuenta hacia delante desde un número en el camino numérico.

   Levanto un puño para representar 4.
   Cuento 2 dedos más.
   4   5   6
   El total es 6.

   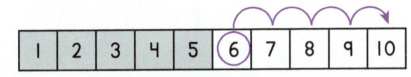

   6 + 4 =   10

   Encierro en un círculo el 6 porque empiezo en esa parte.
   Doy 4 saltos y quedo en el 10.
   10 es el total.

   6 + 4 = 10 es una oración numérica, pero 6 + 4 es una **expresión**.

   Una **expresión** es como una oración numérica, pero sin el signo igual.

EUREKA MATH²   1 ▸ M1 ▸ TC ▸ Lección 14

Nombre

1. Suma.

   Cuenta hacia delante desde un número con los dedos.

   5 + 3 = ☐ | 4 + 3 = ☐

2. Suma.

   Cuenta hacia delante desde un número en el camino numérico.

   | 1 | 2 | 3 | 4 | 5 | 6 | 7 | 8 | 9 | 10 |

   7 + 2 = ☐

   | 1 | 2 | 3 | 4 | 5 | 6 | 7 | 8 | 9 | 10 |

   3 + 6 = ☐

   | 1 | 2 | 3 | 4 | 5 | 6 | 7 | 8 | 9 | 10 |

   8 + 2 = ☐

EUREKA MATH²   1 ▸ M1 ▸ TC ▸ Lección 15

Nombre

1. Encierra en un círculo la parte más grande.

   Sigue contando hacia delante.

   Completa el vínculo numérico.

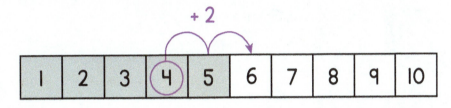

④ + 2 = 6   2   4

2 + ④ = 6   6

Es más fácil contar hacia delante desde la parte más grande.

4 es más grande que 2. Lo encierro en un círculo.

Puedo usar el camino numérico con el dedo. Empiezo en el 4 y cuento 2 más. Quedo en el 6. Entonces, 4 + 2 y 2 + 4 es igual a 6.

Completo el vínculo numérico.

Las partes son 4 y 2.

El total es 6.

RECUERDA

2. Encierra 10 en un círculo.

Cuento 10 bellotas y las encierro en un círculo.

Veo un grupo de 10 bellotas. Sé que 10 bellotas son 10 unidades.

Cuento 5 bellotas. Sé que 5 bellotas son 5 unidades.

Cuento 15 bellotas en total.

Completa las partes.

10 unidades y 5 unidades

EUREKA MATH²   1 ▸ M1 ▸ TC ▸ Lección 15

15

Nombre

1. Encierra en un círculo la parte más grande.

   Sigue contando hacia delante.

   Completa el vínculo numérico.

   | 1 | 2 | 3 | 4 | 5 | 6 | 7 | 8 | 9 | 10 |

   5 + 3 =

   3 + 5 =

   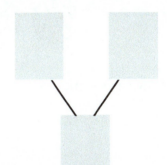

   7 + 2 =

   2 + 7 =

   2 + 8 =

   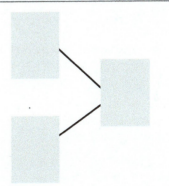

RECUERDA

2. Encierra 10 en un círculo.

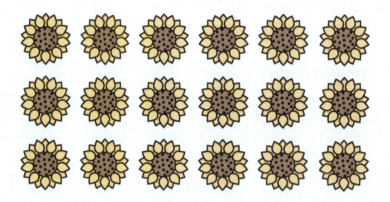

Completa las partes.

_____ unidades y _____ unidades

Nombre

Encierra en un círculo la parte más grande.

Sigue contando hacia delante. Usa los dedos o el camino numérico.

| 1 | 2 | 3 | 4 | 5 | 6 | 7 | 8 | 9 | 10 | 11 | 12 | 13 | 14 | 15 | 16 | 17 | 18 | 19 | 20 |

⑧ + 5 = 13

5 + ⑧ = 13

Es más fácil contar hacia delante desde la parte más grande.

8 es la parte más grande. Lo encierro en un círculo.

Con los dedos o en el camino numérico, empiezo en el 8 y cuento 5 hacia delante.

Termino en el 13, así que el total es 13.

| 1 | 2 | 3 | 4 | 5 | 6 | 7 | ⑧ | 9 | 10 | 11 | 12 | 13 | 14 | 15 | 16 | 17 | 18 | 19 | 20 |

EUREKA MATH²   1 ▸ M1 ▸ TC ▸ Lección 16

16

Nombre

Encierra en un círculo la parte más grande.

Sigue contando hacia delante. Usa los dedos o el camino numérico.

| 1 | 2 | 3 | 4 | 5 | 6 | 7 | 8 | 9 | 10 | 11 | 12 | 13 | 14 | 15 | 16 | 17 | 18 | 19 | 20 |

10 + 3 = ☐

3 + 10 = ☐

2 + 10 = ☐

10 + 2 = ☐

☐ = 4 + 8

☐ = 8 + 4

9 + 6 = ☐

6 + 9 = ☐

75

Nombre

1. Suma.

$7 + 1 = 8$

$12 + 0 = 12$

$7 = 1 + 6$

$9 = 0 + 9$

Cuando sumo 1 a un número, obtengo el número siguiente.

Cuando sumo 0 a un número, obtengo el mismo número.

RECUERDA

2. Hay 10 *muffins* dentro de la caja.

   Hay 3 *muffins* fuera de la caja.

   ¿Cuántos *muffins* hay en total?

   Completa el vínculo numérico.

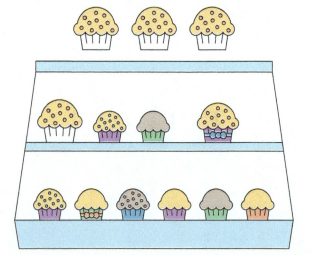

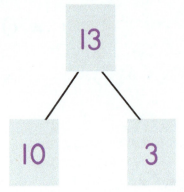

Cuento los *muffins* para hallar el total. Escribo 13 en el recuadro de arriba en el vínculo numérico.

Los 10 *muffins* de la caja son una parte. Escribo 10 en el vínculo numérico.

Los 3 *muffins* que están fuera de la caja son la otra parte. Escribo 3 en el vínculo numérico.

10 y 3 hacen 13.

EUREKA MATH²   1 ▸ M1 ▸ TC ▸ Lección 17

Nombre

1. Suma.

   5 + 1 = ☐   6 + 0 = ☐

   9 + 1 = ☐   7 + 0 = ☐

   ☐ = 0 + 8   ☐ = 4 + 1

   ☐ = 1 + 9   ☐ = 0 + 14

RECUERDA

2.
   Hay 10 manzanas en un árbol.

   Hay 4 manzanas en una cesta.

   ¿Cuántas manzanas hay en total?

   Completa el vínculo numérico.

   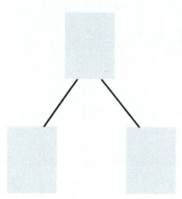

MATEMÁTICAS EN FAMILIA
Hallar el mismo total de varias maneras

Módulo 1
Tema D

Estimada familia:

Su estudiante está aprendiendo el significado del signo igual. Aprende que un signo igual indica que las expresiones o los números a ambos lados del signo tienen el mismo total. Esto es importante para que su estudiante no piense que el signo igual es solo un indicador de respuesta. Su estudiante continúa explorando diferentes expresiones con el mismo total al hallar todas las maneras de sumar dos números para formar cualquier valor del 0 al 10. Además, se basa en su trabajo sobre operaciones con números repetidos para hallar el total de operaciones con números repetidos +1.

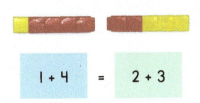

Los cubos muestran que los totales a cada lado del signo igual son los mismos.

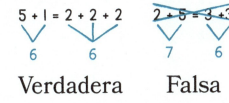

Verdadera   Falsa

Si el total es el mismo a ambos lados del signo igual, la oración numérica es verdadera. Si el total no es el mismo a ambos lados del signo igual, la oración numérica es falsa.

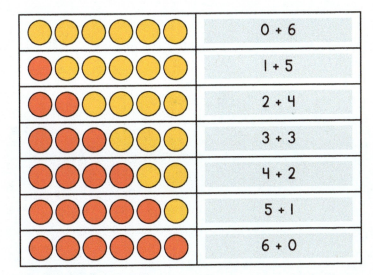

Las fichas para contar de colores muestran todas las expresiones que suman 6.

Pensar en una operación con números repetidos y sumar 1 se conoce como operaciones con números repetidos +1.

Actividades para completar en el hogar

Nombres con números

Busque lugares o cosas familiares que contengan números en sus nombres. Por ejemplo, los nombres de las tiendas o las calles. Luego, separe el número para expresar el lugar o la cosa que eligió con otro nombre. Por ejemplo, la ruta 9 puede pasar a llamarse ruta 7 + 2 o el juego Cuatro cuadrados puede llamarse 3 + 1 cuadrados. Vean si usted y su estudiante pueden pensar en todas las combinaciones posibles para el número.

Ver números repetidos +1

Con su estudiante, busquen imágenes de cosas que estén en grupos de 2, 3, 4 o 5 en revistas, libros ilustrados o en cualquier otro lugar de su vida cotidiana. Luego, túrnense para duplicar las cantidades que ven y sumar 1.

- "Veo 4 bananas en ese racimo. El doble de eso es 8, y 1 más son 9 bananas".
- "Veo un ramo de 5 flores. El doble de eso es 10, y 1 más son 11 flores".

Nombre

Encierra en un círculo la oración numérica si es **verdadera**.

Haz una X sobre la oración numérica si es **falsa**.

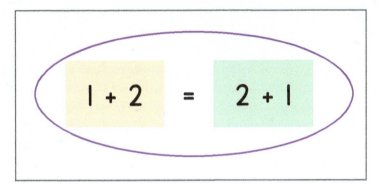

Las expresiones a cada lado del signo igual tienen el mismo total.

$$1 + 2 = 2 + 1$$
$$3 3$$

3 es igual a 3, así que la oración numérica es verdadera. La encierro en un círculo.

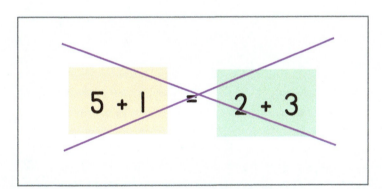

Las expresiones a cada lado del signo igual no tienen el mismo total.

$$5 + 1 = 2 + 3$$
$$6 5$$

6 no es igual a 5, así que la oración numérica es falsa.

Hago una X sobre ella.

EUREKA MATH²   1 ▸ M1 ▸ TD ▸ Lección 18

Nombre

 Encierra en un círculo la oración numérica si es **verdadera**.

 Haz una X sobre la oración numérica si es **falsa**.

2 + 2 = 3 + 1	4 + 1 = 3 + 1
5 = 1 + 3	2 + 0 = 0 + 2

Nombre _____

1. Encierra en un círculo la oración numérica si es **verdadera**.

Haz una X sobre la oración numérica si es **falsa**.

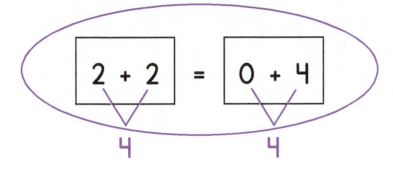

Los totales de las expresiones a cada lado del signo igual son los mismos, o son iguales, así que la oración numérica es verdadera.

La encierro en un círculo.

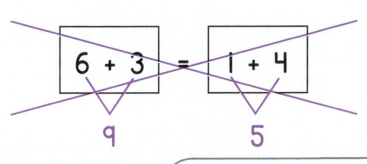

Los totales de las expresiones a cada lado del signo igual no son los mismos, es decir, no son iguales.

$$6 + 3 = 9$$
$$1 + 4 = 5$$

La oración numérica es falsa.

Hago una X sobre ella.

RECUERDA

2. Encierra en un círculo una parte.

Completa el vínculo numérico.

Escribe una oración numérica.

Ejemplo:

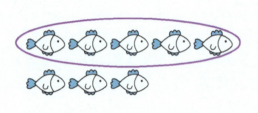

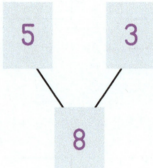

$$5 + 3 = 8$$

Veo 5 peces. Esa es una parte.
Veo 3 peces más. Esa es la otra parte.
Puedo contar 3 más desde el 5. Ciiinco, 6, 7, 8.
5 y 3 forman 8.

Nombre

1. Encierra en un círculo la oración numérica si es **verdadera**.

   Haz una X sobre la oración numérica si es **falsa**.

$$7 = 5 + 2$$

$$6 + 1 = 7 + 1$$

$$4 + 2 = 3 + 4$$

$$8 + 2 = 2 + 8$$

RECUERDA

2. Encierra en un círculo una parte.

    Completa el vínculo numérico.

    Escribe una oración numérica.

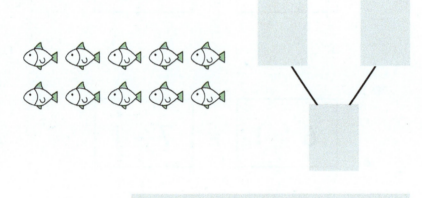

EUREKA MATH²   1 ▸ M1 ▸ TD ▸ Lección 20

Nombre

Muestra dos maneras de formar 5. *Ejemplo:*

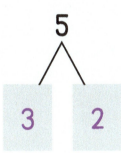

$$3 + 2 = 5$$

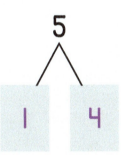

$$1 + 4 = 5$$

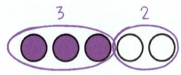

Coloreo algunos círculos para mostrar una parte de 5.

Veo que 3 y 2 forman 5.

Completo las partes del vínculo numérico.

Escribo una oración numérica.

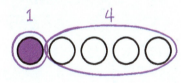

Muestro 5 de otra manera. Puedo colorear más o menos círculos esta vez.

Veo que 1 y 4 también forman 5.

Completo las partes del vínculo numérico.

Escribo una oración numérica.

Nombre

Muestra tres maneras de formar 6.

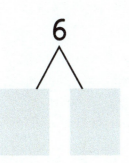

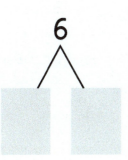

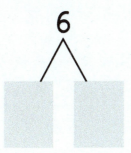

EUREKA MATH²   1 ▸ M1 ▸ TD ▸ Lección 21

Nombre

1. Muestra dos maneras de formar 6.   Ejemplo:

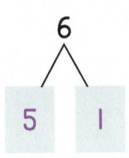

$5 + 1 = 6$

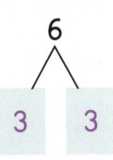

$3 + 3 = 6$

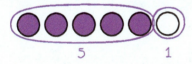

Coloreo algunos círculos para mostrar una parte de 6.

Veo que 5 y 1 forman 6.

Completo las partes del vínculo numérico.

Escribo una oración numérica que se relacione.

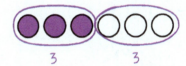

Puedo colorear más o menos círculos para mostrarlo de otra manera.

Veo que 3 y 3 también forman 6.

Completo las partes del vínculo numérico.

Escribo una oración numérica que se relacione.

RECUERDA

2. Encierra en un círculo.

La gallina es

alta.   baja.   pesada.

Puedo trazar una línea como ayuda para ver que los extremos empiezan en el mismo lugar.

Puedo ver que la vaca se extiende más hacia arriba que la gallina. La gallina es baja, no alta.

La gallina no es pesada. Puedo levantar una gallina.

Nombre

1. Muestra tres maneras de formar 7.

2. Muestra dos maneras de formar 8.

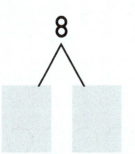 

RECUERDA

3. Encierra en un círculo.

El árbol es

alto.   bajo.   liviano.

EUREKA MATH²   1 ▸ M1 ▸ TD ▸ Lección 22

Nombre

Muestra dos maneras de formar 8.   Ejemplo:

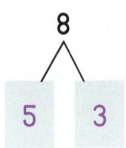

$5 + 3 = 8$

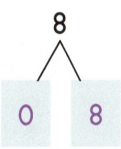

$0 + 8 = 8$

Puedo colorear algunos círculos para mostrar una parte de 8.

Veo que 5 y 3 forman 8.

Puedo colorear más o menos círculos para mostrarlo de otra manera.

Dejo todos los círculos en blanco.

Veo que 0 y 8 también forman 8.

Nombre

1. Muestra dos maneras de formar 10.

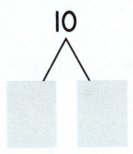

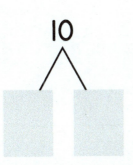

2. Muestra dos maneras de formar 9.

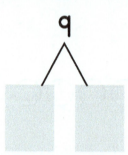 

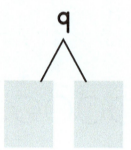 

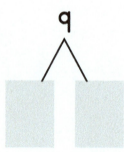 

Nombre

1. Suma.

Encierra en un círculo los números repetidos que te sirven como ayuda.

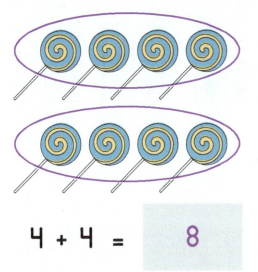

4 + 4 = 8

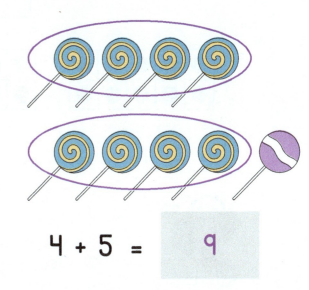

4 + 5 = 9

2. Suma.

Muestra cómo lo sabes.

4 + 5 = 9

4 + 4 + 1 = 9

Los **números repetidos** son dos partes con el mismo número.

¡4 + 4 = 8 es una operación con números repetidos que me sé!

5 es 1 más que 4.

Puedo usar la operación con números repetidos y, luego, sumar 1 más.

4 + 4 = 8

8 + 1 = 9

Puedo hacer un problema con números repetidos +1 haciendo un vínculo numérico para separar 5 en 4 y 1.

4 + 4 + 1 tiene el mismo total que 4 + 5.

RECUERDA

3. Dibuja más puntos para formar el número.

26

Veo 2 grupos de 10. Eso es 20.

Puedo empezar en el 20 y seguir contando hacia delante hasta el 26.

Dibujo un punto por cada número.

21 22 23 24 25

  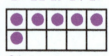

10 20 26

EUREKA MATH²   1 ▸ M1 ▸ TD ▸ Lección 23

23

Nombre

1. Suma.

   Encierra en un círculo los números repetidos que te sirven como ayuda.

$3 + 3 =$

$3 + 4 =$

$5 + 5 =$

$5 + 6 =$

2. Suma.

   Muestra cómo lo sabes.

   2 + 3 =

RECUERDA

3. Dibuja más puntos para formar el número.

   38

   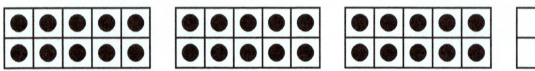

EUREKA MATH² 　　　　　　　　　　　1 ▸ M1 ▸ TD ▸ Lección 24

Nombre

1. Colorea los círculos.

   Encierra en un círculo los números repetidos que te sirven como ayuda.

   Escribe el total.

   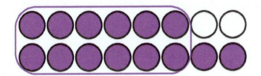

   6 + 8 = 14

   > Coloreo 6 círculos y, luego, 8 círculos.
   > Encierro en un círculo la operación con números repetidos, 6 + 6 = 12.
   > Sumo 2 más.
   > 12 y 2 forman 14; entonces, 6 + 8 = 14.

2. Suma.

   Muestra cómo lo sabes.

   7 + 6 = 13

   > Puedo usar una operación con números repetidos para hacer que este problema sea más sencillo. Separo 7 en 6 y 1.
   >
   > 　　7 + 6
   > 　　/\
   > 　 1　6
   > 　6 + 6 + 1 = 13
   > 　　　6 + 6 = 12
   > 　　　12 + 1 = 13

© Great Minds PBC　　　　　　　　　　　　　　　　　　107

EUREKA MATH² 1 ▸ M1 ▸ TD ▸ Lección 24

24

Nombre

 1. Colorea los círculos.

  Encierra en un círculo los números repetidos que te sirven como ayuda.

 Escribe el total.

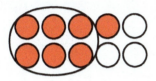

4 + 3 =

5 + 3 =

2. Suma.

 Muestra cómo lo sabes.

2 + 3 =

3 + 4 =

5 + 3 =

7 + 5 =

109

EUREKA MATH²   1 ▸ M1 ▸ TD ▸ Lección 25

25

Nombre

RECUERDA

 Encierra 10 en un círculo.

 Escribe el total.

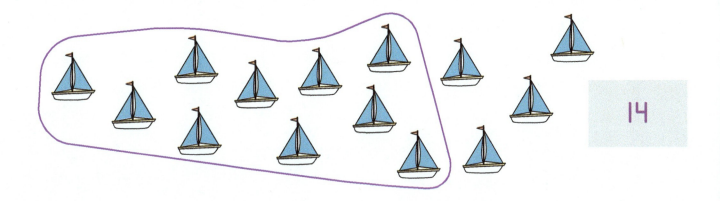

14

Cuento 10 barcos.

Cuento hacia delante desde el 10: dieeez, 11, 12, 13, 14. Hay 14 barcos en total.

RECUERDA

 Encierra 10 en un círculo.

 Escribe el total.

Agradecimientos

Kelly Alsup, Lauren Brown, Dawn Burns, Jasmine Calin, Mary Christensen-Cooper, Cheri DeBusk, Stephanie DeGiulio, Jill Diniz, Brittany duPont, Melissa Elias, Lacy Endo-Peery, Scott Farrar, Krysta Gibbs, Melanie Gutiérrez, Eddie Hampton, Tiffany Hill, Robert Hollister, Christine Hopkinson, Rachel Hylton, Travis Jones, Kelly Kagamas Tomkies, Liz Krisher, Ben McCarty, Maureen McNamara Jones, Cristina Metcalf, Ashley Meyer, Melissa Mink, Richard Monke, Bruce Myers, Marya Myers, Andrea Neophytou Hart, Kelley Padilla, Kim L. Pettig, Marlene Pineda, Elizabeth Re, John Reynolds, Marianne Strayton, Meri Robie-Craven, Robyn Sorenson, Marianne Strayton, James Tanton, Julia Tessler, Philippa Walker, Lisa Watts Lawton, MaryJo Wieland

Ana Álvarez, Lynne Askin-Roush, Trevor Barnes, Rebeca Barroso, Brianna Bemel, Carolyn Buck, Lisa Buckley, Shanice Burton, Adam Cardais, Christina Cooper, Kim Cotter, Gary Crespo, Lisa Crowe, David Cummings, Jessica Dahl, Brandon Dawley, Julie Dent, Delsena Draper, Sandy Engelman, Tamara Estrada, Ubaldo Feliciano-Hernández, Soudea Forbes, Jen Forbus, Reba Frederics, Liz Gabbard, Diana Ghazzawi, Lisa Giddens-White, Laurie Gonsoulin, Adam Green, Dennis Hamel, Cassie Hart, Sagal Hasan, Kristen Hayes, Abbi Hoerst, Libby Howard, Elizabeth Jacobsen, Amy Kanjuka, Ashley Kelley, Lisa King, Sarah Kopec, Drew Krepp, Stephanie Maldonado, Siena Mazero, Alisha McCarthy, Cindy Medici, Ivonne Mercado, Sandra Mercado, Brian Methe, Patricia Mickelberry, Mary-Lise Nazaire, Corinne Newbegin, Max Oosterbaan, Tara O'Hare, Tamara Otto, Christine Palmtag, Laura Parker, Jeff Robinson, Gilbert Rodríguez, Todd Rogers, Karen Rollhauser, Neela Roy, Gina Schenck, Amy Schoon, Aaron Shields, Leigh Sterten, Rhea Stewart, Mary Sudul, Lisa Sweeney, Karrin Thompson, Cherry dela Victoria, Tracy Vigliotti, Dave White, Charmaine Whitman, Glenda Wisenburn-Burke, Howard Yaffe

Créditos

For a complete list of credits, visit http://eurmath.link/media-credits.